INVENTAIRE
23250

COMPTE-RENDU

DE LA SÉANCE EXTRAORDINAIRE DE LA SOCIÉTÉ
D'AGRICULTURE ET D'HORTICULTURE
DE VAUCLUSE
Du 13 Mars 1863.

RÉSUMÉ

DE LA

MÉTHODE DU Dr GUYOT

ET DE SES CONSEILS

SUR LA

CULTURE DE LA VIGNE

PAR AUGUSTE BESSE,
Secrétaire de la Société d'Agriculture et d'Horticulture de Vaucluse,
Secrétaire-Trésorier du Congrès Pomologique de France,
Membre de la Société Royale d'Horticulture de Bruxelles (Belgique).

PRIX : **50 centimes.**

23250

AVIGNON
IMPRIMERIE JACQUET, RUE SAINT-MARC, 22.

1863.

COMPTE-RENDU

De la séance extraordinaire

DE LA SOCIÉTÉ D'AGRICULTURE ET D'HORTICULTURE DE VAUCLUSE,

Du 13 mars 1863.

(M. LE DOCTEUR JULES GUYOT. — SA VISITE DANS LES DÉPARTEMENTS VITICOLES. — SON TRAITÉ DE LA CULTURE DE LA VIGNE.)

Parmi les nombreuses cultures auxquelles un sol et un climat privilégiés permettent à l'agriculture française de se livrer, il en est une dont l'importance augmentant de jour en jour, constitue pour la France une source féconde de richesses et tend à faire croître dans des proportions colossales son revenu territorial, c'est celle de la vigne.

En présence de l'extension prise par cette culture, le Gouvernement qui en comprend toute l'importance, a voulu se rendre compte de tout ce qui a été fait et de tout ce qu'il pouvait y avoir à faire pour l'amélioration de nos vignobles. Il a voulu faire étudier, pour les comparer, les divers modes employés dans les départements viticoles, soit pour la plantation elle-même de la vigne, soit pour les soins à lui donner, ainsi que les procédés suivis tant pour la récolte que pour la vinification.

Une mission aussi importante, aussi sérieuse, ne pouvait être confiée qu'à un homme dont l'expérience consommée et le savoir en pareille matière fussent incontestablement reconnus et fissent par conséquent autorité.

C'est M. le docteur Jules Guyot qui fut chargé de l'honneur de cette mission.

Praticien et savant à la fois, le docteur Guyot a consacré un grand nombre d'années à faire sur la culture de la vigne des expériences suivies et minutieuses; il a étudié, il a comparé, il s'est rendu compte de toute manière, et cela avec une persévérance, un zèle qui lui font le plus grand honneur et le rangent à la tête de nos viticulteurs les plus distingués; aussi s'est-il parfaitement trouvé à la hauteur de l'importante et honorable tâche qui lui a été confiée par Son Excellence M. le Ministre de l'Agriculture, du Commerce et des Travaux publics.

Donc la mission de M. Guyot que nous ne saurions mieux définir qu'en nous servant de ses propres expressions contenues dans son Rapport à M. le Ministre, a été : d'observer et d'étudier les travaux du sol, les modes de plantations, de culture et de taille, conditions premières et essentielles de la conduite de la vigne, et pardessus tout : la production rémunératrice de ses fruits, enfin de rendre compte à Son Excellence de tout ce qu'il aurait recueilli pouvant éclairer la grande question des vignes et des vins de France, tant au point de vue des pratiques locales, qu'à celui de l'utilité publique.

La Société d'Agriculture et d'Horticulture de Vaucluse ayant appris que M. le docteur Guyot après avoir visité la région du Sud-Ouest avait commencé à parcourir celle du Sud-Est, s'empressa de s'informer du jour où il devait passer à Avignon, afin de se mettre à sa disposition pour l'aider, autant que possible, par ses renseignements dans l'accomplissement de son mandat.

M. Guyot arriva dans notre ville dans les premiers jours de Mars.

Accompagné de notre honorable Président, M. le Marquis de l'Espine, il parcouru les vignobles les plus importants et les plus renommés de notre département, notamment ceux de MM. Berton et de Maleyssie, à Château-Neuf-du-Pape. A la suite de cette visite, une séance extraordinaire de notre Société fut fixée au 13 mars, pour entendre de la bouche de l'imminent Viticulteur ses observations sur tout ce qu'il avait vu, et l'exposé de ses idées sur les meilleures modes de culture de la vigne.

Quatre-vingt Membres environ de notre Société assistaient à cette séance, pendant laquelle nous avons tous écouté avec le plus vif intérêt le récit des observations nombreuses et variées de M. Guyot qui a su pendant quatre heures et demie captiver son auditoire de la manière la plus instructive et la plus agréable à la fois. Dès l'ouverture de la séance la parole fut donnée par M. le Président à M. le docteur Guyot.

Après avoir indiqué le but de sa mission, but que nous avons défini plus haut, le savant Viticulteur nous a développé quelques considérations générales sur la culture de la vigne et sur les faits qu'il a observés dans les départements viticoles qu'il a parcourus.

La France, nous dit-il, possède actuellement 2,200,000 hectares plantés en vignes, donnant un produit annuel de 1 milliard 500 millions, soit le quart du revenu total du territoire français. Ayant à elle seule plus de vignes que toutes les autres parties du monde réunies, à la France appartient aujourd'hui le monopole de la vigne et de la fabrication des bons vins.

Parmi les départements où la vigne a pris le plus d'extension, il faut citer la Gironde pour 140,000 hectares, l'Hérault pour 130,000, le Gers pour 120,000, l'Aude pour 80,000, le Lot-et-Garonne pour 66,000, les Pyrénées-Orientales pour 60,000. Vaucluse n'en possède que 21,000 hectares, l'Arriége 20,000, les Basses-Pyrénées 18,000, les Landes 20,000, les Hautes-Pyrénées 14,000.

Nous allons, avec M. le docteur Guyot, parcourir rapidement les principaux départements de la région du Sud-Ouest; nous pourrons ainsi nous rendre un compte exact des différences qui existent entre eux dans les divers modes de culture et de taille de la vigne, et par suite de celles qu'il y a entre ces modes d'une part, et ceux d'autre part, employés dans notre département de Vaucluse.

Le département de l'Hérault, dont le sol est essentiellement constitué par des terrains tertiaires, moyens et inférieurs, par le diluvium Alpin et par les alluvions, peut être considéré comme la terre promise de la vigne, qui y laisse bien loin derrière sa riche production, les rendements de l'olivier, du froment, et même ceux des luzernières.

Les vignes de l'Hérault sont plantées en lignes et en quinconces. La distance entre les ceps est généralemet de 1 mètre 50 c.

La souche formée sur 2 ou 3 bras dès la troisième année, est portée à 4, à 5, et jusqu'à 6 bras et plus, suivant la vigueur du cep, de la quatrième à la dixième année.

La taille à courson est celle généralement adoptée, elle est aujourd'hui pratiquée au sécateur.

A la taille d'hiver on ne laisse qu'un seul sarment à l'extrémité de chaque bras, on jette bas tous les autres sarments au ras du vieux bois et on coupe celui conservé à deux yeux francs, plus le bourillon. Lorsque la vigne est vigoureuse on taille jusqu'à 3 et 4 yeux francs. Dans cette taille à courson, l'Hérault a adopté depuis quelque temps une pratique très-rationnelle et fort recommandée par M. Guyot, c'est de tailler le courson sur la cloison de l'œil qui se trouve au-dessus du plus haut bourgeon conservé : de cette façon, le bourgeon supérieur garde toute sa force et toute sa fécondité, ce qui n'avait pas toujours lieu lorsque le sarment était tranché près de lui, c'est-à-dire dans la longueur du sarment qui sépare deux bourgeons.

Les deux tiers des vignes sont cultivées à la main, un tiers seulement est cultivé à diverses charrues. Trois et souvent quatre labours soit à la main, soit à la charrue sont données à la vigne dans l'année.

Sauf l'ébourgeonnement primitif du pied de la vigne, on ne pratique généralement aucune des quatres opérations de l'épamprage, savoir : le pinçage, l'ébourgeonnage complet des pousses stériles, le rognage des branches de charpente laissées sans pinçage, et l'effeuillage. On emploie ni échalas, ni palissage d'aucune sorte.

La cuvaison se prolonge généralement à deux semaines dans l'Hérault, quelques propriétaires cependant l'ont réduite à une semaine, limite indiquée comme juste par M. Guyot.

Le rendement moyen est de 120 hectolitre à l'hectare.

Le sol du département des Pyrénées-Orientales moins favorable que celui de l'Hérault pour la vigueur des bois de la vigne et l'abondance de ses fruits, tend à produire, à cause de son climat plus chaud et plus abrité de l'ouest, des vins plus sucrés, plus généreux et beaucoup plus colorés. Sur ce sol tourmenté et montagneux les vignes sont plantées en terrasses avec murs de soutainement et étayées sur la pente des coteaux.

En général, les préparations du sol pour la plantation dans ce département se bornent à défricher, à labourer et à défoncer jusque sur la roche, c'est-à-dire à 10, 15 et jusqu'à 30 centimètres seulement; la plupart des vignerons pensent qu'un défonçage plus profond est nuisible à la santé et à la durée de la vigne, qui sous les ardeurs de ce climat brûlant, trouve pour ses racines une fraîcheur et une humidité qui n'existeraient plus, si la roche avait été bouleversée et fragmentée profondément.

La plantation se fait à boutures de simple sarment et au pal.

A partir de la troisième année, la souche est dressée sur 2 ou 3 bras, rarement sur 4.

A la taille, qui se fait à la serpe, on ne laisse qu'un sarment sur chaque bras; ce sarment est taillé en courson le plus souvent à un seul œil franc, parfois à 2, rarement à 3.

On n'ébourgeonne pas, on ne pince pas, on ne rogne, ni n'effeuille; on n'emploie ni échalas, ni palissage.

La moyenne récolte varie de 10 à 16 hectolitres sur les coteaux et de 16 à 24 dans la plaine. Le remplacement des souches mortes ou détruites se fait par le provignage, procédé très-employé dans notre département de Vaucluse et qui consiste, comme vous le savez, à emprunter un long sarment à une souche voisine, le recourber sous terre, et le séparer de la souche-mère à moitié bois après un an et complètement au bout de deux ans. Ce procédé, nous devons le dire en passant, est très-peu goûté par le docteur Guyot, mais nous aurons occasion d'y revenir et de l'examiner, lorsque nous traiterons du système et de la méthode conseillés par M. Guyot.

Dans les Pyrénées-Orientales la vendange se fait ordinairement dans les premiers jours d'octobre. Pour les vins ordinaires du commerce on foule les raisins, souvent en les saupoudrant de plâtre pour en aviver la couleur : on ajoute aussi 2 0/0 et jusqu'à 6 0/0 d'esprit trois six, de vin autrefois, aujourd'hui de grains et de betteraves, et on laisse cuver de 20 à 40 jours, toujours en vue d'augmenter la couleur. Pour les vins de consommation locale, la cuvaison est réduite à 15 et même à 8 jours.

Les cépages dominants sont : le Grenache, le Carignane, le Pepoule noir, le Mataro, le Malvoisie, le Pampanal et la Clairette.

Le département de l'Aude a odopté, en général, les mêmes modes de plantation, de conduite, de culture et de taille de la vigne que les deux départements dont nous venons de parler. Les cépages sont à peu près les mêmes. Le Carignane est le plant caractéristique de l'arrondissement de Narbonne, l'Aramon tend à y augmenter ; le Teret-bouret y diminue, parcequ'il ne donne pas assez de couleur.

Pour la plantation de la vigne dans l'Aude, les uns défoncent à 40 et 50 centimètres, les autres ne défoncent pas. On plante au pal et à bouture, et on enlève l'épiderme de la partie du sarment qui est mise en terre. Ce procédé, qui se retrouve pratiqué de temps immémorial dans la Haute Garonne, et qui est très-bon, a été expérimenté, vulgarisé et prôné avec raison par M. Leroy, d'Angers, dans ces dernières années.

La taille est généralement courte à 1 ou 2 yeux par courson.

On n'échalasse pas, on n'épampre pas, rarement on ébourgeonne ; on relève et on attache les pampres ensemble au mois de septembre, un peu avant la vendange, on ne fume que par exception.

La récolte moyenne est de 25 hectolitres à l'hectare. On fait cuver de 20 à 40 jours.

Les cultures sont généralement faites à la main au moyen de la houe Bédentée, deux fois par an seulement, en mars et en mai.

Nous avons dit plus haut que dans l'Aude on ne pratiquait généralement pas les opérations de l'épamprage ; il y a pourtant quelques exceptions : Deux viticulteurs distingués, de l'arrondissement de Limoux, M. Portal de Moux, et M. Bonnefoy-Sierc, se se sont livrés à de solides expériences sur le pinçage et même sur l'épamprage complet, et M. Guyot nous dit que ces opérations ont donné pour résultat un rendement de 90 à 110 hectolitres par hectare, tandis que la moyenne ordinaire, comme nous l'avons déjà dit n'est que de 25 hectolitres pour la généralité des vignobles de ce département.

La Haute-Garonne (l'arrondissement de St-Gaudens excepté), cultive la vigne en lignes, sur souches basses à bras et à crochets courts, sans échalas comme dans l'Hérault, les Pyrénées-Orientales et l'Aude, mais ses cultures se distinguent de celles de ces trois départements en plusieurs points caractéristiques.

D'abord la vigne y est dressée de préférence et le plus généralement à trois bras en éventail dont le plan se confond avec le plan de la ligne des ceps : au lieu d'être dressée sur 3, 4 et 5 bras et plus en gobelet ou en calice.

En second lieu la majorité des vignes présente ses ceps en lignes distantes de 1 m. 80 c., les ceps étant à 1 m. les uns des autres dans la ligne.

Enfin les terres sont fortement chaussées fin mai, c'est-à-dire que les terres du milieu de l'intervalle des lignes sont déblayées et accumulées en billon dont le sommet touche le collet des souches, et ces mêmes lignes sont fortement déchaussées au mois de mars ou d'avril de l'année suivante après la taille.

M. Guyot pense que cette opération aussi difficile que dispendieuse est plutôt nuisible qu'utile à la vigne, il se fonde sur ce que enlever tout-à-coup 20 ou 30 centimètres de terre du collet de la souche pour les accumuler au-dessus de ses chevelus éloignés, puis lorsque les racines se sont habitués à ce chargement, reporter tout-à-coup vers leur centre 20 ou 30 centimètres enlevés à leur circonférence, c'est appliquer aux racines de la vigne une espèce de torture.

Les plantations se font dans la Haute-Garonne au pal et à bouture le plus généralement. On ne taille pas la seconde année, on se contente de roguer ou plutôt de tondre les pousses exubérantes ; la troisième et quatrième année on dresse la souche en éventail à 2, 3 et 4 bras à 10 ou 15 centimètres au-dessus du sol. On procède tous les ans, et de temps immémorial, à une taille préparatoire qui ne laisse qu'un sarment à l'extrémité de chaque bras. Cette taille préparatoire s'opère pendant le cours de l'hiver au moyen de la serpe et de la scie, et la taille définitive qui consiste à rabattre les sarmens laissés à un ou deux yeux s'opère en mars et en avril par le sécateur.

Le rendement moyen est de 40 hectolitres à l'hectare. La cuvaison se prolonge de 15 à 40 jours.

Dans l'arrondissement de Saint-Gaudens nous trouvons les vignes dressées sur des arbres, soit en bordures de routes et de champs, soit en quinconces et en champs considérables, sur céréales ou plantes sarclées, mais jamais sur prairies naturelles ou artificielles à faucher. Ces vignes à 3, 4 et 5 mètres de terre forment de véritables forêts, ou des rideaux, ou des avenues.

Les variétés cultivées dans la Haute-Garonne sont le bouchalès (variété de cot), le malbec, le négret (espèce de carbenet) et le mourastel ; l'aramon et le picpoule tendent à y disparaître.

Le département de l'Arriége, placé dans des conditions climatériques très-variées, sujet aux gelées et aux grêles, ayant un sol composé de terrains tantôt Jurassiques, crétacés et granitiques, tantôt de craie, de grès vert, tantôt enfin d'alluvions, n'a pu donner à la culture de la vigne une extension aussi grande que les départements que nous venons de passer en revue.

Dans l'arrondissement de Pamiers et de Mirepoix, cette culture est la même que celle de la Haute Garonne et de l'Aude. Les cépages y sont à peu près les mêmes, et la qualité des vins y est tout-à-fait analogue. Mais à mesure qu'on approche de Foix, la vigne cesse d'être sur souches basses, sans échalas, et la taille sèche, au lieu d'être à coursons ou crochets simples, est toujours à long bois ou branches à fruit.

C'est aux environs de Pamiers qu'on commence à voir la vigne sur échalas de 50 à 80 centimètres avec lianes de soutènement. Les vignerons de l'Arriége n'ébourgeonnent pas, ne pincent pas, ne rognent ni n'effeuillent. La durée de la cuvaison est de trois semaines.

Un Rapport fait par une Commission de sept membres au Conseil municipal de Saverdun constate que l'application faite par M. Laurens, président de la Société d'Horticulture de l'Arriége, des préceptes indiqués par M. le docteur Guyot pour la taille de la vigne lui ont donné les résultats les plus satisfaisants, à tel point qu'on évalue le produit obtenu, en suivant la méthode Guyot, à 3 ou 4 fois la récolte des vignes conduites selon l'habitude du pays.

Le département des Hautes-Pyrénées n'offre qu'une superficie en vignobles de 14,000 hectares, quoique son climat soit des plus favorables à ce genre de culture, on y consacre à l'ancien assolement agricole de vastes superficies de terrains et d'expositions qui seraient on ne peut pas plus propice à la vigne.

Trois modes de viticulture, bien différents et bien tranchés, sont suivis dans le département des Hautes-Pyrénées :

1° Les vignes mariées aux arbres ; 2° les vignes en hautains ; 3° les vignes basses, dites en picpoule. Les premières sont élevées et conduites sur des arbres comme dans les arrondissements de Saint-Giron (Arriège) et de Saint-Gaudens (Haute-Garonne). Les secondes sont placées sur de grands échalas ou plutôt des poteaux de 3 à 4 mètres de hauteur sur 7 à 12 centimètres de diamètre, sur lesquels on attache à 1 mètre 80 centimètres ou 2 mètres de terre, un échalas en croix de 1 mètre à 1 mètre 20 centimètres.

Enfin, le troisième genre de culture, celui des vignes basses sur souches en lignes, sans échalas ni palissage, tend aujourd'hui à se généraliser dans ce département et à s'y substituer aux deux premiers modes.

Les souches soit basses soit en hautains sont généralement taillées à 1 ou 2 crochets et à une ou 2 branches à fruits. Le cépage planté de préférence est le picpoule. Cependant dans certains cantons on obtient d'excellents vins rouges par le Pinot, le Mansenc et le Tannat

De toutes les opérations de l'épamprage, l'ébourgeonnage seul est pratiqué. La récolte moyenne est de 30 hectolitres à l'hectare.

Le département des Basses-Pyrénées cultive également la vigne sur des poteaux de 3 et 4 mètres de hauteur avec croisillons simples ou doubles ; deux ceps montent à chaque poteau, ils sont taillés à 2 crochets à 2 yeux chacun et à 2 branches à fruits de 15 à 20 yeux chacune. Les rangs des poteaux sont à 3 mètres et les poteaux à 2 mètres dans le rang, ce qui donne environ 1,600 poteaux par hectare et 3,200 ceps

On cultive aussi la vigne en espaliers, en lignes distantes de 1 m. 50 c., les ceps étant à 1 mètre dans le rang ; les souches sont montées à 60 centimètres de terre sur une tige soutenue le long d'un échalas, et dressées sur un ou deux bras. Les échalas sont reliés entre eux par des lattes transversales sur deux rangs l'un à 60 c., l'autre à 1 m. ou 1 m. 20 de terre. Chaque bras est pourvu d'un crochet de remplacement et d'une longue branche à fruit de 50 à 80 centimètres, repliée en forme d'arcure et fortement attachée aux deux lattes transversales. Cette arcure est constamment appliquée dans les vignes soit basses, soit en hautains des Basses-Pyrénées. L'ébourgeonnage et l'effeuillage sont seuls pratiqués dans ce département, et y constituent avec le chaussage et le déchaussage soit à la main soit à la charrue, toute la culture de la vigne.

Le département des Landes possède 20,000 hectares de vignobles présentant la plus grande diversité. On y voit des vignes basses et des vignes hautes, des vignes avec échalas simples, avec échalas et palissades, des vignes en tonnelles, des vignes sans échalas, des vignes à longs bois et à coursons, des vignes à coursons sans longs bois, en un mot tous les modes possibles de viticulture.

Le picpoule forme la base de toutes les vignes basses ; les cépages cultivés avec échalas sont le clavéry noir, le tannat, le mostrous, le durac ; la distance des ceps est généralement de 1 m. dans le rang et de 1 m. 50 c. à 1 m. 50 c. entre les lignes.

Les cultures consistent dans le déchaussage, le decavaillonnage et le rechaussage en grands billons. On ne pratique l'épamprage dans aucune de ses opérations. On met rarement du fumier dans les vignes.

La récolte moyenne depuis l'oïdium n'atteint pas 30 hectolitres. Les bonnes vignes en picpoule donnent ou peuvent donner de 50 à 60 hectolitres, les mauvaises de 30 à 40 hectolitres à l'hectare.

Le département du Gers, par la nature de son sol et de son climat, convient dans toutes ses parties à la culture de la vigne, aussi cette dernière y végète avec une grande vigueur et y occupe une étendue de 120.000 hectares.

Comme dans les Landes, tous les divers modes de culture de la vigne se retrouvent dans le Gers. Toutes les vignes sont en lignes distantes d'environ 1 m. 50 c., les ceps étant à 80 c. ou à 1 m. dans le rang ; généralement celles plantées en piepoule sont à deux ou trois bras ; mais aux environs d'Auch, dans certains vignobles très-soignés, les souches sont à quatre et cinq bras, disposées comme dans l'Hérault, et chaque bras ne portant qu'un courson taillé à un ou deux yeux.

Le chaussage et le déchaussage à la charrue, le décavaillonnage à la main, forment toutes les cultures de l'année.

Les plantations se font généralement au pal et à boutures.

Aucune opération de l'épamprage n'est pratiquée dans ce département, les vignes y sont très-rarement fumées, on les engraisse seulement par des lupins, gesses ou navettes semées à l'automne et enterrées en vert au printemps.

Dans toutes ces conditions de culture de taille et d'entretien, il n'est pas étonnant que malgré l'excellence du sol et du climat, la moyenne des récoltes du Gers ne dépasse guère 20 hectolitres par hectare, même dans les vignes en piepoule. Les cépages sont pour les blancs : le piepoule, le jurançon, la clarette, la blanquette, le chaussé gris, le muzac blanc, le plant de Grèce. Et pour les rouges : le bouchalès, le négret, la mérille, le piepoule noir, le gaillau, et le gouret noir.

Le sol du département du Lot, coupé de monticules, de rampes, de plateaux, de vallées, est composé tantôt de calcaire pur, tantôt de terres silico-argileuses, sur la plupart des rampes. L'épaisseur du sol ne dépasse pas 10 ou 20 centimètres d'épaisseur ; les vignes néanmoins y prospèrent car elles peuvent lancer profondément leurs racines entre les fissures et les joints des roches.

Dans ce département les vignes sont cultivées en lignes partantes de 1 m. 25 c. en carré. Chaque ceps est constitué par un tronc de 16 à 20 centimètres de hauteur, surmonté d'une coiffe conique très-régulière à 4, 5, 6 et 7 bras, culture qui rappelle immédiatement celle de l'Hérault. Elles sont taillées à 1 courson et à 2 yeux francs et le bourillon.

On ne pince pas, on ne rogne pas; on se contente d'ébourgeonner, et on effeuille parfois avant la vendange.

Le rendement est de 15 hectolitres à l'hectare. D'où vient donc ce produit peu en rapport avec l'aspect et la beauté des vignes du Lot ? M. Guyot l'attribue à la taille trop courte.

L'Hérault, nous dit M. Guyot, taille court et obtient cependant de prodigieux rendements, parce que ses cépages tels que l'aramon, le teret-bouret, demandent la taille courte, tandis que dans le Lot on applique cette même taille à des cépages, qui comme les cots dominent dans ce département et demandent la taille longue.

Les vignobles du Lot sont généralement cultivés à la main à cause de la raideur des pentes.

On plante généralement à bouture et à crossette, soit au pal, soit à la pioche.

Le cot et ses variétés dominent parmi ses cépages.

Le département du Lo -et-Garonne présente une superficie de 66,000 hectares de vignes. Elle y prospère à peu près partout dans son sol composé de terrains tertiaires recouverts, dans une bande très-étroite, par des alluvions récoltés sur les bords de la Garonne.

Ce département n'offre aucun mode de culture original et qui lui soit propre. Dans l'arrondissement de Villeneuve-sur-Lot la culture dominante se rapporte beaucoup à celle du Lot, c'est-à-dire que les vignes y sont dressées sur souches basses, en lignes, à quatre ou cinq bras en gobelet. La taille est celle à courson à un ou deux yeux. Cette taille, selon M. Guyot, est en disproportion évidente avec la vigueur de végétation, la richesse du sol et la jouissance du climat du Lot-et-Garonne. Elle n'est pas non plus en rapport avec son cépage dominant qui est le cot rouge et vert.

Les autres cépages sont : la mérille, le maouro, le mauzac, le picpoule noir, le plant des dames, le muscat et le chasselas.

Les récoltes moyennes sont de 30 hectolitres à l'hectare.

Dans l'arrondissement de Nérac, le mode de culture est semblable à celui du Gers. Un rendement de 55 hectolitres à l'hectare y a été obtenu en pratiquant le pinçage et l'épamprage, tandis que la moyenne récolte de cet arrondissement pour les vignes non soumises à ces opérations n'est que de 14 à 20 hectolitres à l'hectare. Dans le département du Lot-et-Garonne en général, on ne fume pas la vigne.

Nous arrivons à présent au département qui depuis long-temps occupe le premier rang dans la viticulture française moins encore par l'étendue de ses vignobles qui est de 140,000 hectares environ que, par la perfection de ses cultures, par la bonne confection de ses vins, par leurs remarquables qualités, par le vaste commerce de ses produits à l'intérieur et à l'extérieur, ce département est celui de la Gironde.

Le sol de la Gironde, calcaire et silico-calcaire dans ses côtes et dans ses paluds, est argileux-siliceux dans ses terres fortes. Il est sablo-siliceux et mêlé de graviers et de cailloux roulés dans les graves et le Médoc, et silico-sableux pur dans les Landes.

Dans la région des graves du Médoc et des Landes, le sol cultivable repose le plus souvent sur un banc solide, tantôt composé de graviers et de cailloux, tantôt de sable pur, agglutinés fortement entre eux par un ciment dont la nature végétale ou minérale n'est pas encore bien déterminée, mais qui établit une cohésion très-énergique entre les matériaux qu'il soude, et en forme un banc solide et continu, appelé banc d'alios.

M. Guyot pense que la présence du sable des Landes et des éléments fusés ou non fusés de l'alios est une des causes principales, sinon la principale, des qualités des vins des graves et du haut Médoc.

Le climat de la Gironde est des plus favorables à la végétation de la vigne. Les préparations du sol pour cette culture, l'assainissement par les fossés et les drainages, les dispositions de la surface en mamelons bombés et réglés partout, les défonçages complets et par fossés successifs de 50 à 60 centimètres de profondeur, y sont compris et exécutés mieux qu'en aucun pays.

Dans le Médoc les plantations sont faites en boutures placées à 1 m. 10 c. dans le rang et les rangs à 1 mètre de distance les uns des autres, il y a toujours ainsi 9,000 ceps à l'hectare. Tandis que dans les terres fortes de la Gironde, ce nombre est réduit à 4,000.

Les diverses tailles de ce département et les modes de conduite des ceps sont variés et généralement dirigés avec la même supériorité que les préparations du sol, les plantations, les espacemens, les palissages et les échalassages des vignes.

La taille du médoc est très-belle et très-simple. A trois ans on forme la souche sur deux bras. Ces deux bras sont terminés chacun par un sarment de l'année, sur lequel on laisse deux, trois et quatre yeux suivant la force de la souche, et dont on rase ou éborgne les yeux situés plus haut, le prolongement du sarment n'étant destiné qu'à donner le moyen de l'attacher à la latte.

La taille des graves ne diffère pas beaucoup de celle du Médoc.

A Sauterne, la souche est dressée sur trois bras en gobelet et taillée rigoureusement à courson sans sarment prolongé et éborgné ; elle est formée à 20 ou 30 centimètres de terre, liée à l'échalas au-dessous des bras, et on ne lie plus à l'échalas au-dessus que les pousses ou pampres verts ; mais on les y attache à mesure qu'ils montent et cela jusqu'à trois hauteurs.

Les vignes des paluds, beaucoup plus fortes en végétation ligneuse et fructifère que toutes les autres, sont taillées quelquefois à un ou plusieurs crochets et à un long bois par chaque bras, le plus souvent elles sont dressées sur trois bras ayant chacun un échalas et laissées à trois ou quatre yeux avec éborgnement des yeux supérieurs.

L'ébourgeonnement est pratiqué dans toute la Gironde le plus souvent avant la floraison ; le rognage est aussi pratiqué surtout en vue de laisser passer les charrues au mois de juin. On rogne une deuxième fois à la fin d'août, pour faire grossir et mûrir les raisins, on effeuille largement.

Les cépages du Médoc sont avant tous, et le premier le carbenet-sauvignon, appelé sauvignon parce qu'il ressemble d'une manière frappante et par la feuille et par le bois au sauvignon blanc ; la carmenère, le franc-carbenet, le verdet, le merlot, le malbec et le cruchenet.

Les cépages noirs des Graves et de Saint-Emilion sont les mêmes que ceux ci-dessus nommés. Les cépages blancs de Sauterne sont principalement le semillon, le sauvignon et la muscadelle. Les vendanges dans toute la Gironde sont faites avec le plus grand soin. Dans le Médoc et les Graves, on égrappe toujours, l'égrappage est moins général à St-Emilion. On foule généralement avant de mettre à la cuve, et on ne laisse pas fermenter plus de huit jours. Quatre à cinq jours sont jugés suffisants pour les vins les plus fins du Médoc ; dans les palus on cuve de 8 à 15 jours, la production moyenne de divers crûs de la Gironde peut être évaluée à deux tonneaux et demi par hectare (10 barriques Bordelaises.) En estimant deux sixièmes de la production totale à 50 fr. la barrique, deux sixièmes à 125 fr., un sixième à 250 fr. et un sixième à 500 fr. Cette estimation conduit à un résultat brut de plus de 250 millons, et si l'on porte à 500 fr. par hectare la moyenne dépensé par an, le produit net sera de 180 millions de francs pour les 140 mille hectares de ce département.

En somme, parmi les départements que nous venons de passer en revue, les deux qui offrent le plus de contraste sont l'Hérault et la Gironde, chacun d'eux est vraiment le modèle de son type.

L'Hérault représente la culture des vignes à taille courte, sans échalas ni palissage. La Gironde au contraire, offre tous les degrés de la taille longue avec tous les palissages ou échalassages possibles.

Dans aucun de ces départements, on ne pratique régulièrement et généralement les opérations de l'épamprage qui sont pourtant d'une importance majeure pour augmenter et perfectionner la récolte de l'année courante, et préparer une bonne tenue de la vigne et de bonnes récoltes pour les années suivantes.

Les cultures à plat soit à la main, soit à la charrue sont pratiquées dans le plus grand nombre de ces départements.

Dans l'Aude, l'Hérault, les Pyrénées-Orientales, on est généralement disposé aux vendanges hâtives, dans la Gironde, au contraire, on ne vendange que le plus tard possible.

Ce résumé des faits observés par M. le docteur Guyot dans sa visite des départements viticoles du Sud-Ouest, terminé ; examinons maintenant son ouvrage intitulé : *Culture de la vigne et vénification*, dans lequel sont contenues et développées les idées et le système, que le savant viticulteur nous aanalysés dans la séance du 13 mars.

La vigne, nous dit M. Guyot, est l'arbrisseau le plus facile à multiplier et à cultiver dans les terrains, et dans tous les pays de France, compris entre les Pyrénées et la Méditerranée et une ligne qui partirait de Vannes en Bretagne pour se diriger sur Mezières en passant par Alençon et Beauvais.

Les sols calcaires, siliceux, alumineux, magnésiens ; les terrains primitifs, de transition, secondaires, tertiaires, volcaniques, conviennent tous parfaitement à la vigne, pourvu qu'ils ne soient pas imprégnés d'eau, car elle craint également l'excès d'humidité du sol et celui de l'atmosphère. Elle s'accommode très-bien de terrains maigres, arides, perméables à l'air et à l'eau, dans lesquels tout autre végétal aurait de la peine à prospérer.

Les principes généraux de la culture de la vigne indiqués par M. Guyot, dans le 2me chapitre de son ouvrage que nous citerons textuellement, sont les suivants :

La vigne doit être plantée, cultivée et maintenue en lignes basses et sur souche.

Les ceps doivent être distants les uns des autres de 1 mètre au moins en tous sens.

Les ceps ne doivent jamais être provignés.

Chaque cep doit porter tous les ans au moins une branche à bois et une branche à fruit.

La branche à fruit, produit presque exclusivement la grappe de raisin, elle doit être attachée horizontalement près de terre à une ligne de fil de fer ou des échalas.

La branche à fruit doit être coupée tous les ans à la taille sèche, c'est-à-dire à la fin de l'hiver. Les pampres des branches à fruit doivent être pincés, c'est-à-dire retranchés à l'aide du pouce au-dessus de leur sixième feuille ; les pampres de la branche à bois ne doivent pas être pincés.

La branche à bois doit produire chaque année deux sarmens ou rameaux principaux, dont l'un remplacera la branche à fruit que l'on coupe chaque année ; l'autre sarment, taillé au-dessus de deux yeux au bourgeons naissants deviendra branche à bois et produira les deux sarmens nécessaires pour l'année suivante :

Aucune herbe, aucun végétal étranger, ne doit être laissé dans les vignes ; les cultures superficielles doivent y être multipliées ; les cultures profondes doivent être rares.

Les engrais doivent être donnés à chaque cep en raison directe des grappes qu'on veut obtenir et en raison inverse de la richesse du sol.

M. Guyot s'élève beaucoup contre le provignage, il nous dit que les souches venues par l'emploi de cette méthode, durent peu et ne produisent qu'un vin de qualité inférieure à celui produit par les autres souches. Cependant, dans notre département, où le provignage est exclusivement employé pour le remplacement des ceps morts ou détruits, on ne paraît pas s'être aperçu jusqu'à présent de ces inconvénients.

Il insiste beaucoup sur la nécessité d'appliquer aux vignes en général le système de taille que nous venons d'indiquer dans les principes généraux de cette culture, lequel consiste à laisser tous les ans à chaque cep une branche à fruit et une branche à bois ; il se fond sur ce que une souche occupant avec ses racines un mètre carré de sol, peut entretenir des rameaux qui couvriraient une bien plus grande superficie ; donc pour dompter l'expansibilité de la vigne, et conserver la fécondité dans les limites de ce mètre carré, il faut que la taille intervienne avec énergie et sagacité, et c'est cette branche à fruit laissée tous les ans au printemps et abattu tous les ans au printemps suivant par une autre branche pareille qui satisfait à l'activité de la vigne en lui laissant la plus grande allure possible, c'est-à-dire toute la longueur du bois qui a poussé l'année précédente.

Cette taille une fois admise doit être faite le plus tard possible, et en général du 15 mars au 15 avril.

Comme complément indispensable de ce système de taille, M. Guyot indique les quatres opérations de l'épamprage, qui sont : l'ébourgeonnage, le pinçage, le rognage et l'effeuillage.

L'ébourgeonnage consiste dans l'enlèvement des pousses stériles ; c'est l'opération pratiquée dans notre département sous le nom provençal de Mazencazé.

Le pinçage à pour but de supprimer avec les doigts au-dessus pe deux grappes de raisins la partie supérieure herbacée des pousses venues sur la branche à fruit.

Le rognage a pour but de faire refluer la sève vers le fruit, en enlevant au pampre le quart ou le tiers de sa longueur ; enfin l'effeuillage consiste à dégager les rameaux des feuilles qui empêchent la libre circulation de l'air et dû soleil nécessaires à la maturité des grappes.

Les vignes doivent être fumées tous les ans, à la dose d'un demi kilogramme d'engrais pour chaque cep, ou tous les trois ans, en mettant alors en une fois la quantité qu'on aurait mis chaque année, soit trois demi-kilogrammes ; dans les sols médiocres, la quantité de fumier pour chaque cep doit être portée à 5 kilogrammes et à 6 kilogrammes dans les mauvais terrains.

Dans le chapitre où il traite des façons à donner à la vigne, M. Guyot nous dit que la propreté absolue et permanente du sol, depuis les premiers moments de la sève, jusqu'après la récolte, est la première condition de la santé, de la fécondation, de la fertilité et de la maturation du raisin. Ce résultat est obtenu dans les départements viticoles par des moyens qui sont les mêmes au fond et qui varient seulement quant à la forme par les divers genres d'instruments employés à cet effet et qui sont propres à chaque localité.

Dans les 75 départements de la France où la vigne est cultivée, trois modes de multiplication sont employés : la bouture, la chevelée et le plant enraciné provenant de bouture.

La bouture est un sarment de l'année coupée sur un cep et mis en terre sans racine.

La chevelée est un sarment couché sous terre et ayant pris racine sans être séparé du cep. Le plant enraciné est une bouture ayant pris racine en pépinière.

Ces trois sortes de plants reproduisent exactement les caractères, qualités et défauts du cep dont ils sont tirés. Les semis de vigne peuvent seuls donner des variétés, mais on ne peut apprécier ces variétés qu'après de longues années.

La plantation directe de la vigne en boutures est préférable à la plantation en plant enraciné et surtout à celle en chevelée : 1° parceque la bonne reprise de la bouture sur place avance au moins d'un an l'époque du produit ; 2° parce qu'elle constitue immédiatement un arbrisseau ayant sur son mésophite, ses racines et sa tige sans que la transformation ait à lui faire subir une mutilation ; l'expérience prouve que le cep ainsi obtenu sur place a plus de vigueur et de durée ; 3° parce que la bouture économise le temps et les façons, par conséquent la dépense de la production du plant enraciné et de la chevelée.

Sur la question du défonçage du sol, M. Guyot nous dit que le sol destiné à recevoir la vigne doit toujours être préalablement défoncé et remué jusqu'à 0 mètre 50 centimètres au moins de profondeur.

Si la couche de terre végétale qui le recouvre est peu épaisse (15 ou 20 centimètres), on ne doit pas la retourner au point de lui faire occuper le fond tandis que le sous-sol viendrait occuper la surface. Elle peut néanmoins être mélangée avec un tiers ou la moitié du sol sous-jacent. On obtient ce résultat à l'aide d'une forte charrue Dombasle qui retourne la terre à 25 ou 30 centimètres de profondeur ; en la faisant suivre par une bonne charrue Fouilleuse, chargée d'un poids proportionné à la dureté du sous-sol, on remue ce sous-sol, et on l'ameublit suffisamment à 20 ou 25 centimètres au-dessous de la première culture.

Nous arrivons maintenant à une des questions les plus intéressantes : celle de la vinéfication. Pour faire du bon vin, dit M. Guyot dans son exposé des principes généraux de la vinification, plantez vos vignes en bons cépages. Recueillez leurs fruits quand ils sont bien mûrs. Recueillez promptement, proprement et judicieusement. Séparez les bons raisins des raisins médiocres, et surtout des mauvais.

Pour faire vos vins blancs : portez rapidement les raisins sur vos pressoirs bien appropriés à l'avance. Distribuez tous les jus qui sortent du pressoir dans des tonneaux, sans mauvais goût, ni mauvaise couleur. Laissez fermenter le vin dans un lieu couvert et tempéré jusqu'à ce qu'il soit coloré ; après une semaine ou deux, descendez-le dans une cave à température constante de 10 à 12 degrés Réaumur. Remplissez vos pièces tous les huit jours. Soutirez une fois ou deux fois au plus dans le courant de l'hiver et par un temps sec et froid.

Pour faire vos vins rouges : froissez et foulez vos raisins. Emplissez-en vos cuves jusqu'aux quatre cinquièmes de leur profondeur. Egalisez la surface des raisins ; Fermez les portes de vos vinées, et ayez soin que la température n'y descende pas au-dessous de 15 degrés ; Ecoutez deux ou trois fois par jour le bruit de la fermention, en appliquant votre oreille contre la cuve ; Aussitôt que le silence a succédé au tumulte du bouillonnement, tirez votre vin, car votre vin est fait et sa fermentation est accomplie, le surplus est une macération nuisible ; Emplissez vos tonneaux au trois quarts de leur capacité ; Faites porter aussitôt le marc au pressoir et achevez de remplir vos tonneaux avec le produit des pres es ; Remplissez-lez avec soin tous les huit jours, et soutirez en janvier ou février.

M. Guyot n'hésite pas à formuler en principe qu'il faut faire la vendange le plus tard possible en saison, et attendre que le raisin soit à son plus haut point de maturité.

Pour déterminer l'époque précise de la maturité absolue des raisins on doit se servir du gleucomètre.

Le gleucomètre est un instrument fort simple et peu dispendieux, facile à employer par tout le monde, il consiste en un tube de verre rempli à sa partie inférieure, soit en sphère, soit en cylindre, et constituant par sa partie supérieure une tige graduée portant une échelle dont le zéro occupe la partie supérieure et dont les unités représentant un degré augmentent en descendant jusqu'au point de jonction de la tige avec la partie renflée. Cet instrument est également indispensable lorsque dans un moût trop pauvre, on veut ajouter du sucre pour lui donner la richesse alcoolique qui lui manque. En effet, un degré du gleucomètre représente à peu près par hectolitre 1,500 grammes de sucre, qui à la fermentation produisent un pour cent, c'est-à-dire un litre d'alcool pur. Ainsi toutes les fois qu'on voudra ajouter au vin un degré de plus en esprit, il faudra ajouter 1,500 grammes de sucre pur de canne. Cette qualité de sucre doit être la seule employée pour cette opération, car il faudrait plus de 3 kilogrammes de sucre de fécule, par exemple, pour obtenir le même résultat que celui obtenu avec 1,500 grammes de sucre de canne pur.

Nous laisserons de côté les divers modes de vendange, de foulage et de pressurage indiqués par M. Guyot, lesquels sont à peu près les mêmes que ceux employés chez nous, et qui ne varient, pour la vendange que dans la forme et la capicité des récipients, pour le pressurage, dans la forme des machines employées suivant les localités. Nous parlerons seulement de l'égrappage, opération sur laquelle les opinions diffèrent dans les départemens viticoles.

L'égrappage consiste dans la séparation des grains de raisin de la queue qui les porte, c'est-à-dire de leurs péduelles et de leur pédoncule. On appèle rafle ce pédoncule ramifié de la grappe, lequel est entièrement ligneux si le raisin est parfaitement mûr, et demeure vert si la maturité est imparfaite. Le rafle, si elle est conservée au pressurage, ou si elle participe à la cuvaison, ne peut céder au moût ou au vin qu'un principe astringent dont la base principale est le Tannin. Ce principe n'est ni nuisible à l'estomac, ni désagréable au goût s'il est en faible proportion dans le vin blanc ou dans le vin rouge ; il donne d'ailleurs du corps au vin et n'est pas étranger à sa fermeté et à son bon goût : mais si ce principe contient du Tannin en excès, le vin est dur, acerbe, désagréable au goût et à l'estomac.

L'observation et l'expérience ont également constaté dans presque tous les vignobles les avantages et les inconvénients de l'association de la rafle aux opérations de la vénification. Aussi la moitié des vignobles de France repousse l'égrappage, et l'autre moitié la pratique avec soin.

Selon l'opinion de M. Guyot, l'égrappage est utile et même nécessaire pour les vignobles à vins durs astringents, forts en alcool et d'une longue durée ; il est nuisible pour les vins légers, d'une faible durée et d'une mollesse reconnue ; il est complètement indifférent pour les vins blancs qui subissent immédiatement l'action de la presse et dont les jus ne macèrent ni avec la rafle, ni avec la pellicule, ni avec les pepins.

Une opération qui, selon le savant Viticulteur, est beaucoup plus importante que l'égrappage est celle de l'épepinage ; en effet, d'après lui, la rafle est moins nuisible à la qualité des vins que les pepins et les pellicules qui contiennent des huiles grasses, de l'amidon et de l'allumine ; les pepins surtout contiennent les éléments les plus nuisibles à la délicatesse et à la santé des vins dans lesquels ils ont longtemps mauré. Il conseille donc aux viticulteurs l'enlèvement, par tous les moyens à leur portée, des pepins avant le pressage des raisins.

Dans un des derniers chapitres de son ouvrage, M. Guyot traite des méthodes suivies en Champagne pour la confection et le conditionnement des vins mousseux. Ces méthodes fort intéressantes constituent un système tout-à-fait spécial, lequel est complètement en dehors des opérations ordinaires de vénification de notre département, et se trouvent plutôt du ressort de l'industrie. Du reste, l'exposé de ces méthodes demanderait de notre part des développements qui dépasseraient de beaucoup le cadre qui doit restreindre ce Compte-Rendu déjà un peu long ; nous engageons donc les personnes que cette question intéresserait plus particulièrement à l'étudier dans son traité de viticulture.

Nous ne terminerons cependant point sans vous parler de l'opinion de M. le docteur Guyot sur les différents cépages à planter dans notre département de Vaucluse. Sur la demande qui lui en fut fait par plusieurs membres de notre Société, M. Guyot nous a dit que le Tintot devait être la base de notre culture viticole, il a conseillé également la mendeuse de la Savoie produisant un vin précieux : ce cépage très-fertile constitue le fond des vignes des départements de l'Ain, de l'Isère, du Jura et de la Savoie, il produit aussi bien à la taille à long bois, qu'à la taille à courson. On pourrait, nous a-t-il dit, se procurer des plants de mondeuse, en s'adressant à M. Fleuri Lacaste, président de la Société d'Horticulture de la Savoie, à Montmeillan. Enfin, il conseille le carbenet-Sauvignon du Bordelais, plante très-fertile, considéré comme le roi des raisins du Médoc, et dont le bouquet est estimé au-dessus de tous les autres cépages. Voilà, Messieurs, l'exposé aussi restreint que possible, des observations, des idées et du système exposés par M. le docteur Jules Guyot, soit dans son Rapport à M. le Ministre, soit dans son traité de viticulture, soit dans notre séance du 13 mars dernier.

Quelque désir, qu'en commençant, nous ayons eu d'être bref, l'abondance des matières, l'importance des faits à relater nous ont forcé à nous étendre sur notre sujet et à abuser peut-être de votre attention, mais nous serons amplement dédommagé de cette crainte, si nous avons réussi à vous analyser assez clairement des modes de culture d'une importance extrême, ignorés de beaucoup d'entre vous, et dont la connaissance nous servira indubitablement de point de départ pour l'amélioration et le progrès de la viticulture Vauclusienne.

Avignon, le 12 mars 1863.

Auguste BESSE,

Secrétaire de la Société d'Agriculture et d'Horticulture de Vaucluse,
Secrétaire - trésorier du Congrès Pomologique de France.

Avignon. — Imprimerie JACQUET, rue Saint-Marc, 22.

CET OUVRAGE

SE TROUVE A AVIGNON :

Chez **JACQUET**, imprimeur, rue Saint-Marc, 22,

Et chez les Libraires

Clément St-Just, place de l'Horloge,

ROUMANILLE, rue St-Agricol,

Caillat-Belhomme, rue Saunerie.

(Moyennant **50** c. en timbre-poste, on recevra l'ouvrage *franco*).

www.ingramcontent.com/pod-product-compliance
Ingram Content Group UK Ltd.
Pitfield, Milton Keynes, MK11 3LW, UK
UKHW021036260726
13994UKWH00005B/2182